データの達人

表とグラフを使いこなせ！

監修：今野紀雄（横浜国立大学教授）

くらべてみよう！
数や量

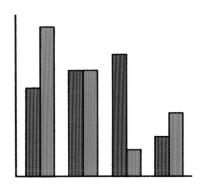

「データの達人」を目指そう

　何かを調べたいときには、まずたくさんのデータを集めます。データとは、資料や、実験、観察などによる事実や数値のことです。図書館で本を調べたり、インターネットを使って検索したり、アンケートを取ったり、観察記録をつけたりすると、さまざまなデータに出会います。しかし、データを集めただけでは、そこから知りたいことを読み取ることはできません。そこで、表やグラフを活用する力が必要になってくるのです。

　この本では、1章で、表・棒グラフを使いこなす方法を、例を使ってわかりやすく説明しています。2章では、データに基づいて問題を解決する手順（PPDACサイクル）を学びます。調べたことを集計し、表やグラフを使って数値の大小をくらべることで、データを読み解く基本的な方法を身につけましょう。3章では、課題にそってデータを分せきしていきます。

　データがあふれる今の時代に、みなさんに身につけてほしいのは、データを活用した問題解決能力です。ここで学んだことは、大人になってさまざまな難しい問題に立ち向かったときにも、きっと問題を解決する方法を導く助けとなることでしょう。

　この本が、みなさんの「データの達人」を目指す学習に役立つことを心より願っています。

横浜国立大学教授　今野紀雄

もくじ

登場人物しょうかい

グラフ先生

表やグラフにくわしい、データの達人。トーケイ小学校でデータの活用法を教えている。

ユウタ・エミ

トーケイ小学校の3年1組。グラフ先生やクラスの友だちと、データ活用の勉強をしている。

※文中のトーケイ小学校として表記されるデータは、表やグラフをわかりやすく説明するために編集部が作成した架空のデータです。

1 表やグラフを使いこなそう

この章では、表や棒グラフの作り方や特ちょうなどを例を使ってしょうかいします。

正確に数えて数値にしよう
調べたことを集計する

アンケートなどは、集計して数値にすると、分せきしやすくなります。調べたことを集計して数値にすることを「データ化する」といいます。

「正」の字で数える

調べたことを集計するときに、項目ごとに「正」の字を書いて数える方法があります。1つ数えるごとに「正」を一画ずつ書いていきます。下の「休み時間に校庭でよくする遊びは?」のアンケート結果を例に見てみましょう。

「正」が1つで「5」になります

1	2	3	4	5
一	丅	下	正	正

「正」の字を書きながら、数えていこう

トーケイ小学校3年1組30人に聞きました
（1問1答で自由回答　20××年△月○日）

（問い）休み時間に校庭でよくする遊びは?

なわとび	キックベースボール	なわとび	ドッジボール	キックベースボール
かけっこ	ドッジボール	かけっこ	鉄棒	ドッジボール
ドッジボール	なわとび	キックベースボール	ドッジボール	鉄棒
キックベースボール	キックベースボール	竹馬	なわとび	キックベースボール
なわとび	かけっこ	なわとび	キックベースボール	ゴムとび
鉄棒	キックベースボール	ドッジボール	かけっこ	なわとび

数字に変えて整理する

「正」の字を書いて数えたものを、数字に変えます。データをどのように使うかによって、表のならべ方を考えましょう。

下のように、項目ごとの数量をくらべたい場合は、数量の多い順にならべます。回答が似ているものをくらべたい場合は、例えばキックベースボールの次に、ドッジボールをおいてもよいでしょう。

（問い）休み時間に校庭でよくする遊びは？

出典は4ページと同じ

遊び	人数／正	人数／数字
なわとび	正丁	7
かけっこ	正	4
キックベースボール	正下	8
鉄棒	下	3
ドッジボール	正一	6
その他	丁	2

まちがえないようにもう一度数えよう

数字にする

（問い）休み時間に校庭でよくする遊びは？

出典は4ページと同じ

遊び	人数（人）
キックベースボール	8
なわとび	7
ドッジボール	6
かけっこ	4
鉄棒	3
その他	2
合計	30

多い順にならべかえる

まとめ
・データを正確に集計するためには、**項目ごとに「正」の字を書いて数える**とよい。
・表に整理するときに、**多い順にならべると数量をくらべやすい。**

5

データを整理する
表の役割

調べたことを、たて、横の列に分けて表にすると、項目ごとの数がわかりやすく整理できます。

項目ごとに整理

右の表は、4ページの「休み時間に校庭でよくする遊びは?」のアンケート結果をクラスごとにまとめたものです。表を使うと、それぞれの項目にどのくらいの人数がいるのかが整理できます。また、表はグラフを作る前にも、データを整理するために使います。

表にすると
人数の多い項目や
少ない項目も
わかりやすいね

（問い）休み時間に校庭でよくする遊びは?

トーケイ小学校 3 年生 60 人に聞きました
（1 問 1 答で自由回答　20 ××年△月〇日）

3年1組

遊び	人数 (人)
キックベースボール	8
なわとび	7
ドッジボール	6
かけっこ	4
鉄棒	3
その他	2
合計	30

3年2組

遊び	人数 (人)
なわとび	10
ドッジボール	6
鉄棒	5
キックベースボール	4
かけっこ	3
その他	2
合計	30

2つのことがらを整理

表のたてだけでなく、横の項目を増やして、表を2つのことがらで整理することもできます。

下の表は、たてを「遊び」、横を「クラス」として、2つのことがらでまとめたものです。2つのクラスの数量のちがいや、遊びの項目ごとの数量のちがいをくらべることもできます。また、たて、横のそれぞれの合計もわかります。

項目のならべ方は、数量の多い順、似た項目を集めるなど、目的によって決めましょう。

1組と2組のデータをくらべやすいね

1組と2組でドッジボールをしている人が同じくらいいるよ

出典は6ページと同じ

（問い）休み時間に校庭でよくする遊びは?

2つの表をまとめると

（単位：人）

遊び＼クラス	3年1組	3年2組	合計
なわとび	7	10	17
ドッジボール	6	6	12
キックベースボール	8	4	12
鉄棒	3	5	8
かけっこ	4	3	7
その他	2	2	4
合計	30	30	60

表を使って2つのことがらを整理することができるよ

まとめ
・グラフを作るときも、まずデータを表に整理するとよい。
・表を使って、2つのことがらの項目別の数量をくらべることができる。

数量の大小を表す
棒グラフ

棒グラフは、数量を棒の長さで表したグラフです。数量の大きさのちがいをくらべるときに使います。

棒の長さで大小を表す

棒グラフは、棒の長さで数量がひと目でわかるので、それぞれの大きさをくらべやすいという特ちょうがあります。

右は、7ページの「休み時間に校庭でよくする遊びは?」の表を棒グラフにしたものです。「ドッジボール」よりも「なわとび」の棒のほうが長いので、「なわとび」のほうが人数が多いことがわかります。

グラフの棒が
長いほうが
数量が多いんだね

（問い）休み時間に校庭でよくする遊びは?

トーケイ小学校 3年生 60人に聞きました
（1問1答で自由回答　20××年△月○日）

遊び	人数（人）
なわとび	17
ドッジボール	12
キックベース ボール	12
鉄棒	8
かけっこ	7
その他	4
合計	60

部分的にくらべられる

棒グラフは、大小をくらべやすいというだけでなく、1つ1つの項目を部分的にくらべることができます。

下のグラフでは、例えばボールを使った

「ドッジボール」と「キックベースボール」で、どっちが人気があるかを簡単にくらべることができます。また、棒グラフは、ほとんどのデータを表すことができるので、基本のグラフといわれます。

1つの棒は長方形を数量分すきまなくならべたものとイメージしよう

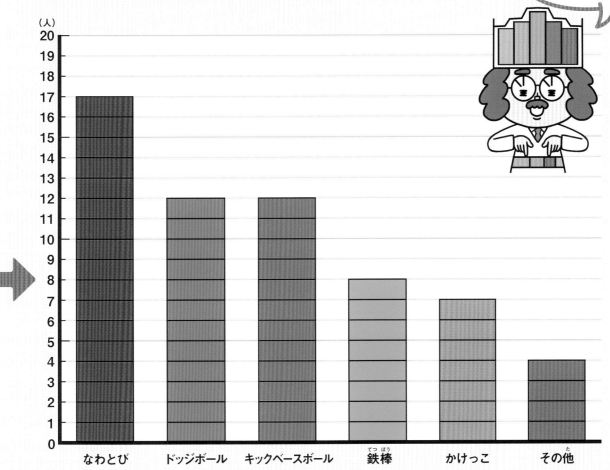

（問い）休み時間に校庭でよくする遊びは？

出典は8ページと同じ

（人）
なわとび 17
ドッジボール 12
キックベースボール 12
鉄棒 8
かけっこ 7
その他 4

正しくくらべるための
棒グラフの注意

棒グラフを使って数量を正しくくらべるためには、棒の長さ以外の条件をそろえて、同じにしておきましょう。

「0」から始める

棒グラフは、数量をくらべるものなので、右のグラフのように、めもりは「0」から始めます。棒の長さと数量が合わなくなってしまうからです。

下の例では、めもりが「3」から始まっています。それぞれの冊数の数値は正しいですが、棒の長さからエミの数値がリョウの数値の5倍に見えてしまいます。

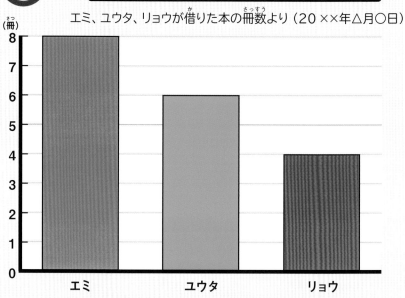

○ 図書室で借りた本の冊数（5月）

エミ、ユウタ、リョウが借りた本の冊数より（20××年△月○日）

めもりが「0」から始まっていない

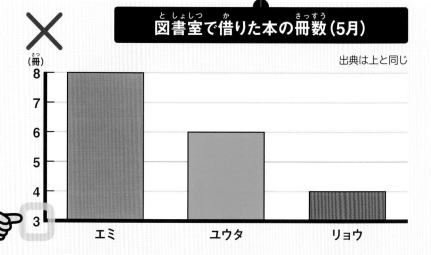

× 図書室で借りた本の冊数（5月）

出典は上と同じ

始めをそろえる

棒のならべ始めの位置を、すべて「0」にそろえることも大切です。

右の例では、棒の長さは正しいですが、それぞれの冊数の数値やエミとユウタの差が「2冊」であることを、グラフからひと目で読み取ることができません。

数量を
くらべづらいね

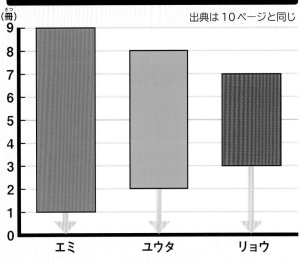

図書室で借りた本の冊数（5月）

出典は10ページと同じ

めもりの数値を考える

めもりの間かくが広すぎると、数値が読み取りづらくなります。

右の例では、エミがユウタやリョウより借りた冊数が多いのは、わかりますが、どのくらい多いのかを読み取ることはできません。グラフのめもりは、数値をつかめるくらい細かくつけましょう。

ただし、めもりを細かくつけすぎると見づらくなるので、何を読み取るのか目的にあわせて、ちょうどよいめもりを考えてつけましょう。

✕ めもりの間かくが広すぎる

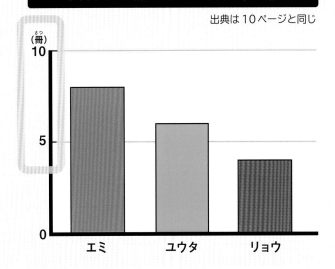

図書室で借りた本の冊数（5月）

出典は10ページと同じ

まとめ

・棒グラフは、めもりを「0」から始め、棒の始めの位置を「0」にする。
・棒グラフのめもりは、棒の数値が読み取りやすいようにつける。

目的によって使い分けよう
集合の棒グラフ・積み上げ棒グラフ

集合の棒グラフと積み上げ棒グラフは、2種類のデータを一度に表すことができるグラフです。それぞれの特ちょうを知って使い分けましょう。

2種類のデータを表す

　2つのデータを1つのグラフで表すときには、集合の棒グラフや積み上げ棒グラフを使います。

　右ページは、7ページの「休み時間に校庭でよくする遊びは？」の表を、集合の棒グラフと積み上げ棒グラフにしたものです。

　集合の棒グラフは、2つのデータを横にならべます。それぞれの項目ごとに数量をくらべることができます。

　積み上げ棒グラフは、それぞれの項目を上に積んで、合計の数量と、内容の内分けを同時に表します。

> 集合の棒グラフは
> クラスで1番人気があるもの、
> 積み上げ棒グラフは
> 学年で1番人気があるものが
> わかるね

（問い）休み時間に校庭でよくする遊びは？

トーケイ小学校 3 年生 60 人に聞きました
（1 問 1 答で自由回答　20 ××年△月○日）

（単位：人）

遊び ＼ クラス	3年1組	3年2組	合計
なわとび	7	10	17
ドッジボール	6	6	12
キックベースボール	8	4	12
鉄棒	3	5	8
かけっこ	4	3	7
その他	2	2	4
合計	30	30	60

● 集合の棒グラフ

出典は12ページと同じ

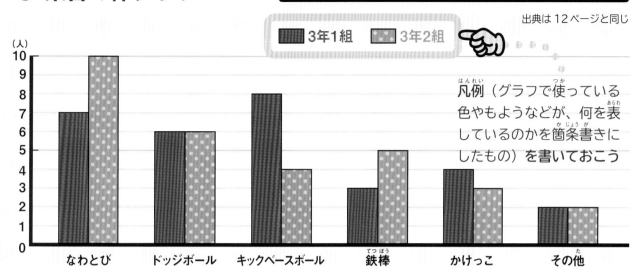

（問い）休み時間に校庭でよくする遊びは？

凡例（グラフで使っている色やもようなどが、何を表しているのかを箇条書きにしたもの）を書いておこう

● 積み上げ棒グラフ

（問い）休み時間に校庭でよくする遊びは？

出典は12ページと同じ

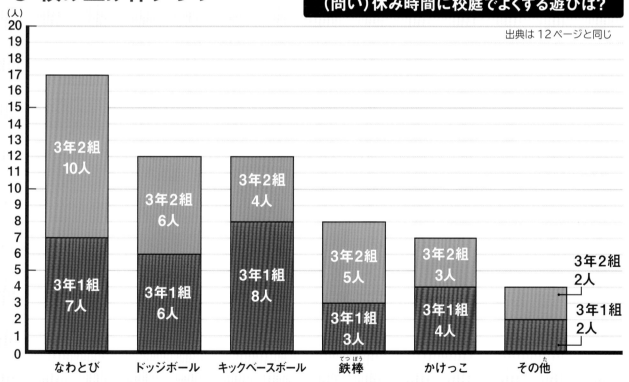

まとめ

・集合の棒グラフは、2つのことがらの項目ごとの数量をくらべることができる。
・積み上げ棒グラフは、項目の合計と内容の内分けを同時に表すことができる。

2 データを使って調べよう

自分たちで設定した問題を、データの数量をくらべて調べる方法を学びましょう。

調べる手順はPPDAC

実際にデータを使って、問題を解決するときは、5つの手順にそって取り組んでみましょう。

データを使って問題を解決するときに、以下の5つの手順があります。

1 **Problem** ……… 問題を設定する
2 **Plan** ………… 計画を立てる
3 **Data** ………… データを集める
4 **Analysis** ……… 分せきする
5 **Conclusion** …… 結論を出す

この手順を右の図のようにくり返しておこなうことから、それぞれの英語の頭文字を取って「PPDACサイクル」といいます。

新たな問題が出たら、1〜5をくり返して調べましょう。また、PPDACと順に進んでいくのではなく、とちゅうで見直して計画を立てなおしたり、データを集め直したりしても構いません。数量の大きさをくらべ、データ分せきの基本を身につけましょう。

5 Conclusion 結論を出す

分せきした結果をまとめて、問題に対する結論を出しましょう。

集めたデータを、どんな表やグラフにしたらよいかを考えましょう。表やグラフを作ったら、数量をくらべてみて、そこからどんなことがわかるか考えてみましょう。

新たな問題を見つけたらPPDACの手順をくり返して調べよう！

データに基づいて問題を解決する手順（PPDAC サイクル）

1 Problem（プロブレム）
問題を設定する

「どうしてだろう」「解決したい」と思うことから、具体的に何を問題にするかを決めましょう。

2 Plan（プラン）
計画を立てる

問題を解決するために、どんなデータが必要か、どのように集めるかを考えましょう。

ふり返ってみよう

結論を出したら、もう一度ふり返ってみましょう。新たな発見や問題が見つかったら、1 にもどります。

3 Data（データ）
データを集める

本やウェブサイトなどから、必要なデータを集めましょう。アンケートを取る場合は、集めた結果を集計しましょう。

4 Analysis（アナリシス）
分せきする

リクエスト給食を決めよう

トーケイ小学校の3年生で、リクエスト給食を提案することになりました。PPDACサイクルでメニューを決めていきましょう。

Problem
問題を設定しよう

3年1組でリクエスト給食に関するいろいろな意見が出ています。何を問題にするか決めましょう。

リクエスト給食、今回は3年生で決めるんだよね

やっぱりハンバーグでしょう

カレーライスがいいよ

2組と相談してメニューを1つに決めようよ

だんぜんからあげ！

問題を「リクエスト給食のメニューを決める」ことにしたよ

Plan
計画を立てよう

「リクエスト給食のメニューを決める」ためには、何を
したらいいかを考えてみましょう。

どのメニューが
人気あるのかな

2組の人にも聞いて
3年生全体の意見を
まとめようよ

3年生全体で「リクエ
スト給食で食べたいメ
ニューのアンケート」
を取ったらどうかな？

Data
データを集めよう

アンケートを作って配り、結果を集計してみま
しょう。

いくつか答えを用意して
選たく式回答の
アンケートにしよう

リクエスト給食のメニューアンケート

クラスに○をつけてください。（ 1・2 ）組

 問い
リクエスト給食で食べたいメニューは何ですか？
1つだけ選んで○をつけてください。

 答え
・**カレーライス**　　・**からあげ**

・**ハンバーグ**　　・**オムライス**

・**スパゲッティ**　　・**シチュー**

アンケート結果は
クラス別に
集計しよう

Analysis アナリシス
データを分せきしよう

データからどんな表やグラフにしたらよいかを考えて作り、わかったことを考えましょう。

まず表にして整理してみよう

クラスごとの人気もわかるグラフにしたいなあ

\表にまとめたよ/

(単位：人)

メニュー	3年1組	3年2組
からあげ	10	5
ハンバーグ	8	8
カレーライス	5	6
スパゲッティ	3	5
オムライス	1	4
シチュー	3	2
合計	30	30

表を見ると「からあげ」は1組に人気があるね

「ハンバーグ」は1組、2組とも8人もいるわ

集合の棒グラフを作ったよ

リクエスト給食で食べたいメニュー

トーケイ小学校3年生60人に聞きました（1問1答で選たく式回答　20××年△月○日）

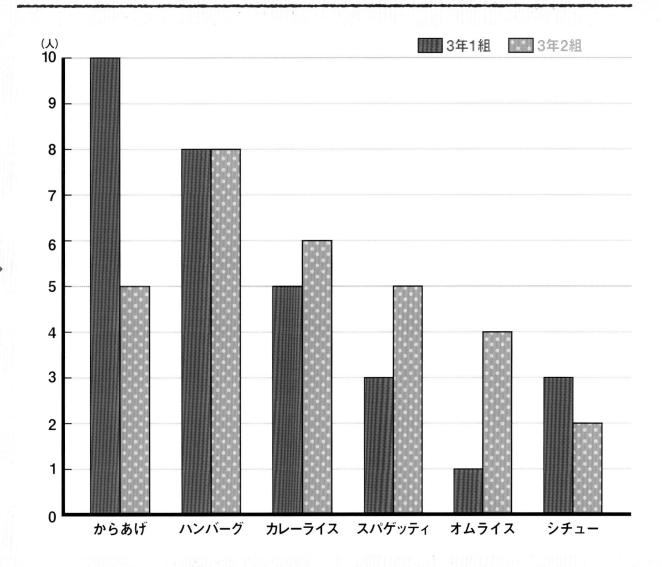

メニューごとに1組と2組の人数がくらべられるね

1、2組の合計の人数ではどうかな？

Analysis（アナリシス）
データを分せきしよう

表やグラフのちがうまとめかたができるかどうか、考えてみましょう。

\ 表に合計をつけたよ /

表に合計の人数も入れてみようか？

（単位：人）

メニュー	3年1組	3年2組	合計
からあげ	10	5	15
ハンバーグ	8	8	16
カレーライス	5	6	11
スパゲッティ	3	5	8
オムライス	1	4	5
シチュー	3	2	5
合計	30	30	60

合計の人数では「ハンバーグ」が1位だね

「からあげ」が全体でも1番人気じゃなかった

積み上げ棒グラフにしたら、合計の人数とクラスごとの人数をくらべやすいんじゃない？

積み上げ棒グラフを作ったよ

リクエスト給食で食べたいメニュー

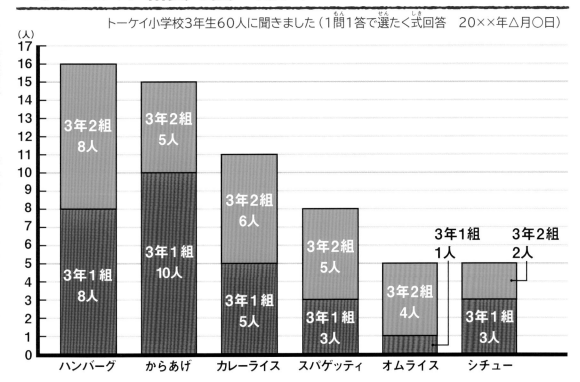

トーケイ小学校3年生60人に聞きました（1問1答で選たく式回答　20××年△月○日）

グラフ：
- ハンバーグ：3年1組 8人、3年2組 8人（合計16人）
- からあげ：3年1組 10人、3年2組 5人（合計15人）
- カレーライス：3年1組 5人、3年2組 6人（合計11人）
- スパゲッティ：3年1組 3人、3年2組 5人（合計8人）
- オムライス：3年2組 4人、3年1組 1人（合計5人）
- シチュー：3年1組 3人、3年2組 2人（合計5人）

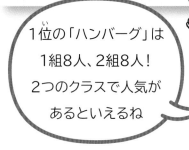

1位の「ハンバーグ」は
1組8人、2組8人！
2つのクラスで人気が
あるといえるね

積み上げ棒グラフだと
合計の人数と内容の内分け
がひと目でわかるね

Conclusion
結論を出そう

リクエスト給食はいちばん人気のあった
「ハンバーグ」 をリクエストする

データの数量をくらべて分せきし、結論を出そう。
最後にふり返ってみることを忘れずにね

自由回答のアンケートを集計するコツ！

似た答えをグループにしてしぼる

　アンケートの回答のしかたには、17ページのような「選たく式回答」のほかに、自由に文字や数字、文章を書いて回答する「自由回答」があります。

　データは、項目の数が多すぎると正しい分せきができません。自由回答を集計する場合には、似た回答を1つの項目にまとめて整理していきます。

　下は「将来なりたい職業は？」という自由回答のアンケート結果です。どのように項目を整理したらよいか、考えてみましょう。

（問い）将来なりたい職業は？

トーケイ小学校3年1組30人に聞きました
（1問1答で自由回答　20××年△月○日）

小学校の先生	ユーチューバー	野球選手	科学者	サッカーの監督
	研究者	中学校の先生	医者	野球の監督
野球選手	医者	小学校の先生	パティシエ	野球選手
パティシエ	看護師	サッカー選手	ゲームクリエイター	
看護師	ゲームプログラマー	サッカーの監督	パティシエ	
小児科の医者	科学者	ユーチューバー	小学校の先生	
サッカー選手	ユーチューバー	サッカー選手	看護師	

まず、集めた回答を一覧表にします。そして、回答の中から似ているものを集めてグループにしていきます。

下の例では、「サッカー選手」「サッカーの監督」は「サッカー関係」としてまとめられます。「野球選手」「野球の監督」も同じです。「小学校の先生」「中学校の先生」は「教師」に、「医者」と「小児科の医者」は、「医師」にまとめました。「科学者」「研究者」は1つの項目、「ゲームクリエイター」「ゲームプログラマー」は「ゲーム制作関係」にしました。

結果は、「サッカー関係」がいちばん多く、次が「野球関係」と「教師」でした。「サッカー関係」と「野球関係」を「スポーツ関係 9人」としてまとめてもよいでしょう。アンケートの目的と回答によって、項目のまとめ方を考えましょう。

（問い）将来なりたい職業は?

出典は22ページと同じ

職業	人数(人)
サッカー選手	3
サッカーの監督	2
野球選手	3
野球の監督	1
小学校の先生	3
中学校の先生	1
医者	2
小児科の医者	1
看護師	3
科学者	2
研究者	1
ユーチューバー	3
パティシエ	3
ゲームクリエイター	1
ゲームプログラマー	1
合計	30

職業	人数(人)
サッカー関係	5
野球関係	4
教師	4
医師	3
看護師	3
科学者・研究者	3
ユーチューバー	3
パティシエ	3
ゲーム制作関係	2
合計	30

項目が少なくなって見やすくなった!

観察記録をくらべよう

ひまわりの生長調べ

ユウタは、学校で育てているひまわりの生長を記録しています。くきの長さを測り、葉を数えて作ったグラフから、何が読み取れるでしょうか。

グラフからわかったことは？

「ひまわりのくきの長さ」を、子葉が出てからは、約5日ごとに測りました。右は、数値を整理した表と、表から作った棒グラフです。グラフからは、だんだんとひまわりのくきがのび、7月10日まで生長していることがわかります。花は、くきの生長がとまったあとにさきました。

くきがグラフの棒に見えるね

月　日	くきの長さ (cm)
5月　8日	0
5月15日	1
5月20日	5
5月25日	11
5月30日	18
6月　5日	31
6月10日	39
6月15日	48
6月20日	58
6月25日	67
6月30日	75
7月　5日	90
7月10日	95
7月15日	95
7月20日	95

(cm)
100
90
80
70
60
50
40
30
20
10
0

種まき　子葉が出た

5月8日　5月15日　5月20日　5月25日　5月30日　6月5日

わかった！

6月30日から
7月5日が15cmで
いちばんのびた。
7月10日以降は生長が
とまった

ひまわりのくきの長さ

トーケイ小学校3年1組ユウタ調べ（20××年）

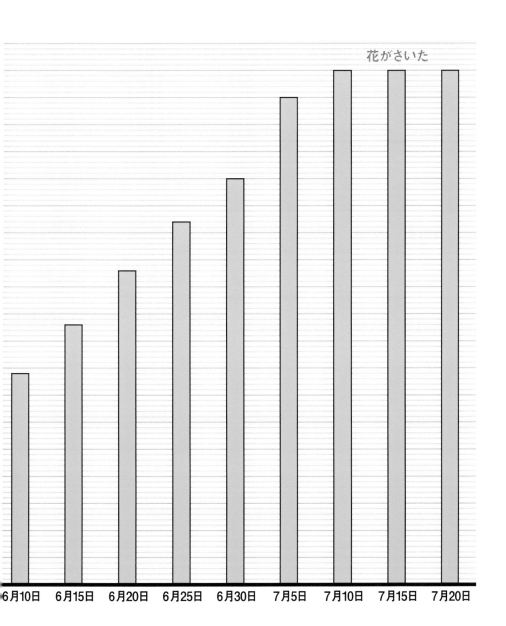

花がさいた

| 6月10日 | 6月15日 | 6月20日 | 6月25日 | 6月30日 | 7月5日 | 7月10日 | 7月15日 | 7月20日 |

さらに

ひまわりのくきだけ
でなく、**葉の数を数
えて作ったグラフ**を
見てみよう。

ひまわりの 葉の数の グラフを見てみよう

グラフから わかった ことは？

　右の表は、ひまわりの 葉の数を数えて数値にし、 整理したものです。
　表から作った棒グラフ からは、ひまわりの種をまいて、7日で子葉 が2枚出たことがわかります。そして、7 月10日まで調べるたびに葉が1～2枚ずつ 増えていきました。7月10日から7月20 日までの葉の数は同じでした。

種をまいて 7日で葉が2枚 出たよ

月 日	葉の数 (枚)
5月 8日	0
5月15日	2
5月20日	4
5月25日	5
5月30日	7
6月 5日	9
6月10日	11
6月15日	13
6月20日	15
6月25日	16
6月30日	17
7月 5日	19
7月10日	20
7月15日	20
7月20日	20

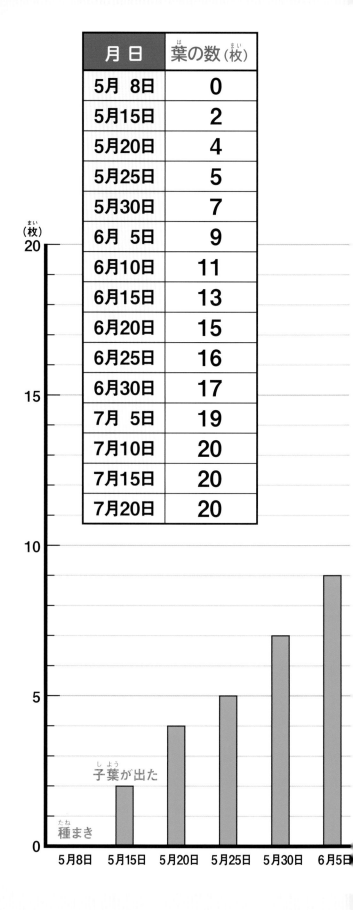

（枚）

子葉が出た

種まき

5月8日　5月15日　5月20日　5月25日　5月30日　6月5日

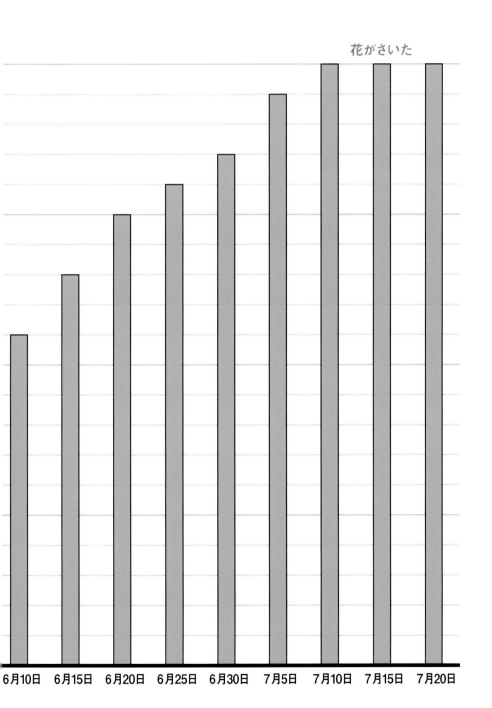

ひまわりの葉の数

トーケイ小学校3年1組ユウタ調べ（20××年）

花がさいた

| 6月10日 | 6月15日 | 6月20日 | 6月25日 | 6月30日 | 7月5日 | 7月10日 | 7月15日 | 7月20日 |

わかった！

同じペースで
1〜2枚ずつ
葉が増えているね

発展！

育ている植物があったら**生長の記録を集計**して、どのように生長しているか調べてみよう。

ならべ方を考えよう
動物のすいみん時間

小学生の平均すいみん時間は約9時間ですが、動物はどうでしょうか。いろいろな動物のすいみん時間を見てみましょう。

グラフからわかったことは？

右の棒グラフで、いちばんすいみん時間が少ないのはキリンで約2時間、いちばん多いのはトビイロホオヒゲコウモリで約20時間です。動物によって、すいみん時間がちがうことがわかります。

チンパンジーやモルモットはわたしたち小学生のすいみん時間と近いね

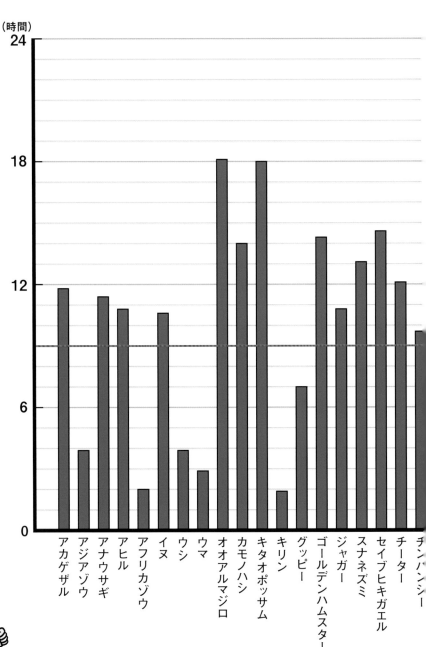

（時間）

24

18

12

6

0

アカゲザル
アジアゾウ
アナウサギ
アヒル
アフリカゾウ
イヌ
ウシ
ウマ
オオアルマジロ
カモノハシ
キタオポッサム
キリン
グッピー
ゴールデンハムスター
ジャガー
スナネズミ
セイブヒキガエル
チーター
チンパンシー

動物のすいみん時間

出典：ワシントン大学ウェブサイト「How Much Do Animals Sleep?」（2019年11月1日利用）
総務省ウェブサイト「政府統計総合窓口」の「平成28年社会生活基本調査」「ライフステージ、行動の種類別総平均時間－週全体、男女総数（10歳以上）」（2019年11月1日利用）より作成

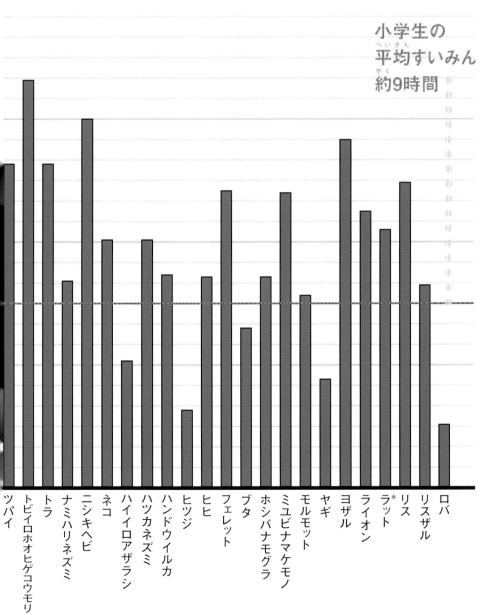

小学生の
平均すいみん
約9時間

ツパイ
トビイロホオヒゲコウモリ
トラ
ナミハリネズミ
ニシキヘビ
ネコ
ハイイロアザラシ
ハツカネズミ
ハンドウイルカ
ヒツジ
ヒヒ
フェレット
ブタ
ホシバナモグラ
ミユビナマケモノ
モルモット
ヤギ
ヨザル
ライオン
ラット*
リス
リスザル
ロバ

*ラット：ドブネズミなどの大きなネズミ。

わかった！

動物によって
すいみん時間は
かなりちがうことが
わかった

さらに

グラフのならべ方を50音順ではなく、**すいみん時間順にして見てみよう。**

すいみん時間の多い順にならべてみよう

グラフからわかったことは？

棒グラフの横じくの動物をすいみん時間の多い順にならべると、すいみん時間の多い動物と少ない動物がひと目でわかります。トラやライオン、チーターなどは12時間以上ねむりますが、ウシやヒツジ、キリンなどは4時間以下です。

また、すいみん時間が近い動物どうしがわかりやすくなります。

ネコとチーターとハツカネズミは同じ約12時間だね

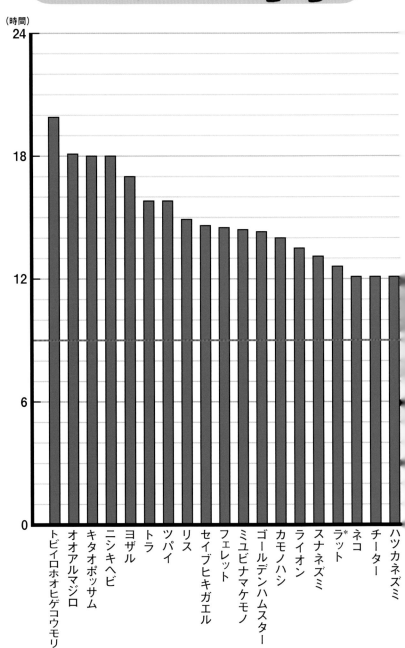

（時間）

24 18 12 6 0

トビイロホオヒゲコウモリ
オオアルマジロ
キタオポッサム
ニシキヘビ
ヨザル
トラ
ツパイ
リス
セイブヒキガエル
フェレット
ミユビナマケモノ
ゴールデンハムスター
カモノハシ
ライオン
スナネズミ
ラット*
ネコ
チーター
ハツカネズミ

動物のすいみん時間

出典：ワシントン大学ウェブサイト「How Much Do Animals Sleep?」（2019年11月1日利用）
総務省ウェブサイト「政府統計総合窓口」の「平成28年社会生活基本調査」「ライフステージ、行動の種類別総平均時間－週全体、男女総数（10歳以上）」（2019年11月1日利用）より作成

小学生の
平均すいみん
約9時間

アカゲザル
アナウサギ
アヒル
ジャガー
イヌ
ホシバナモグラ
ハンドウイルカ
ヒヒ
ナミハリネズミ
リスザル
チンパンジー
モルモット
ブタ
グッピー
ハイイロアザラシ
ヤギ
ウシ
アジアゾウ
ヒツジ
ロバ
ウマ
アフリカゾウ
キリン

＊ラット：ドブネズミなどの大きなネズミ。

わかった！

グラフの項目を
多い順にならべると
分せきしやすくなるね

発展！

家ちくや野生の動物、すんでいる場所、えさなど、似た動物どうしですいみん時間をくらべてみよう。

数量と内容を確認する
小学生の荷物の重さ

教科書、ノート、水とう、上ばきなど、小学校へ持っていく荷物は、ランドセルに入りきらないほどあります。手さげぶくろなどもふくめて、荷物はどのくらい重いのでしょうか。

**グラフから
わかった
ことは？**

右は、ユウタが学校へ持っていく荷物の重さを曜日ごとに量り、その結果を表した棒グラフです。グラフを見ると、火曜日から木曜日は5kg以内でしたが、金曜日は約5.4kgでした。月曜日の荷物は約6.2kgあり、ほかの曜日にくらべてかなり重いことがわかります。

3年1組 時間割

	月	火	水	木	金
1	国語	国語	算数	算数	国語
2	算数	図書	社会	国語	算数
3	社会	算数	体育	音楽	図工
4	理科	体育	外国語	理科	図工
5	総合	音楽	国語	体育	学活
6		道徳		総合	

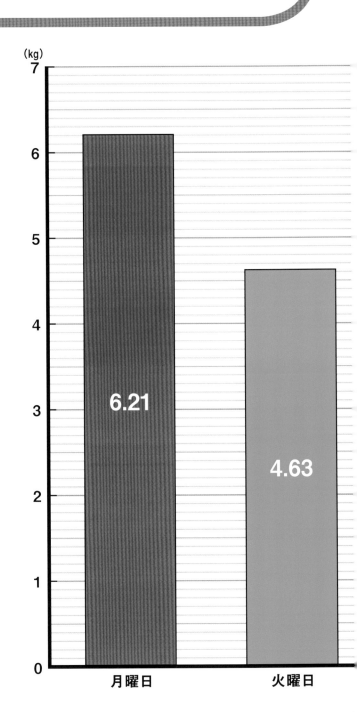

荷物の重さ

トーケイ小学校3年1組ユウタ調べ（20××年△月○日〜◎日）

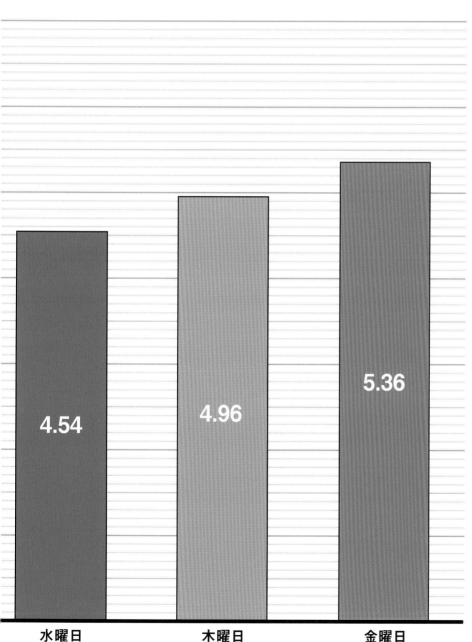

水曜日	木曜日	金曜日
4.54	4.96	5.36

わかった！

荷物は月曜日が
いちばん重かった。
どうしてかな？

さらに →

積み上げ棒グラフで、
曜日ごとの荷物の内
容がどうなっている
のか、見てみよう。

棒グラフの内容を見てみよう

グラフからわかったことは？

積み上げ棒グラフにすると、数量だけでなく、それぞれの内容の内分けを表すことができます。

ランドセルや教科書、ノートの重さは、月曜日から金曜日まで大きく変わりません。しかし、月曜日は「その他」が多く、白衣などが入っている給食ぶくろや上ばきなど、週の始めに持っていくものが多いことがわかります。

荷物の重さ

トーケイ小学校3年1組ユウタ調べ
（20××年△月○日～◎日）

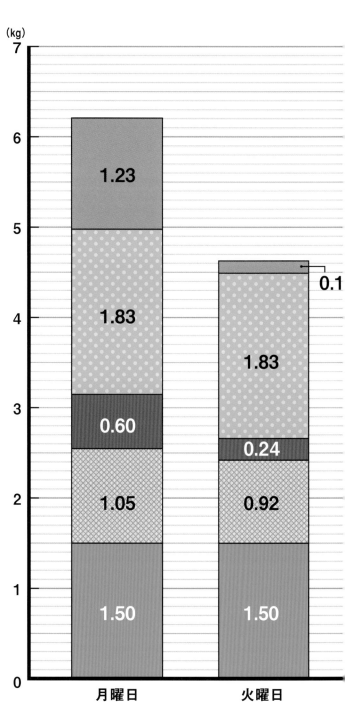

	月曜日	火曜日
	1.23	0.1
	1.83	1.83
	0.60	0.24
	1.05	0.92
	1.50	1.50

月曜日は、
週の始めに
持っていくものが
多いから重かったんだ

凡例:
- ランドセル
- 教科書
- ノート
- 水とう、連絡帳、プリント、ハンカチなど（毎日持っていくもの）
- その他（体そう着や給食ぶくろ、ランチョンマット、上ばき、絵の具など）

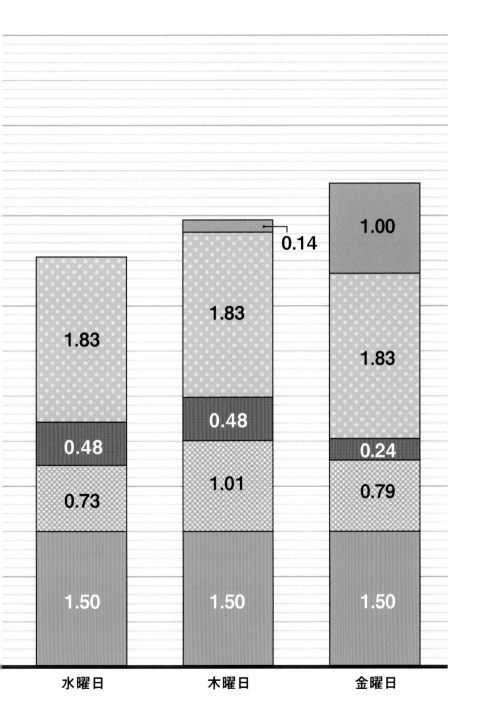

	水曜日	木曜日	金曜日
	1.83	1.83	1.00
		0.14	1.83
	0.48	0.48	0.24
	0.73	1.01	0.79
	1.50	1.50	1.50

発展！

自分の荷物の重さを量って、積み上げ棒グラフを作ってみよう。曜日によって差があるかな？

グラフと地図でわかる

人口の多い都道府県は？

47都道府県の人口のデータから、人口の多い都道府県をわかりやすく表すには、データをどのように整理したらよいでしょうか。

グラフからわかったことは？

右上の表は、47都道府県の人口を北から地域順にならべたものです。表を人口の多い順にならべて棒グラフにすると、順位だけでなく、どのくらい人数がちがうのかが、ひと目でわかります。

圧倒的に、東京都の人口が多い！愛知県と千葉県の人口を足したら東京都くらいになりそう

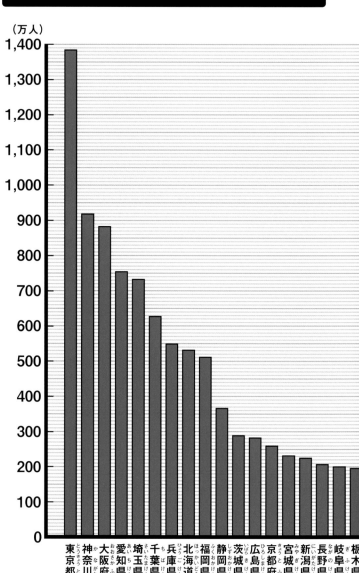

都道府県別の人口（2018年度）

（万人）

東京都 / 神奈川県 / 大阪府 / 愛知県 / 埼玉県 / 千葉県 / 兵庫県 / 北海道 / 福岡県 / 静岡県 / 茨城県 / 広島県 / 京都府 / 宮城県 / 新潟県 / 長野県 / 岐阜県 / 栃木県

出典：各都道府県ウェブサイトより（2018年10月1日利用。ただし宮城県、岐阜県、愛知県は12月11日、秋田県は2019年1月1日利用）。北海道は住民基本台帳の数値（2018年9月30日利用）。

都道府県	人数（人）	都道府県	人数（人）	都道府県	人数（人）
北海道	5,310,559	新潟県	2,245,057	岡山県	1,899,739
青森県	1,262,823	富山県	1,050,246	広島県	2,819,962
岩手県	1,240,522	石川県	1,142,965	山口県	1,368,495
宮城県	2,313,219	福井県	773,731	徳島県	736,475
秋田県	980,684	岐阜県	1,999,406	香川県	961,900
山形県	1,089,806	静岡県	3,656,487	愛媛県	1,351,510
福島県	1,862,705	愛知県	7,539,185	高知県	705,880
茨城県	2,882,943	三重県	1,790,376	福岡県	5,111,494
栃木県	1,952,926	滋賀県	1,412,881	佐賀県	819,110
群馬県	1,949,440	京都府	2,591,779	長崎県	1,339,438
埼玉県	7,322,645	大阪府	8,824,566	熊本県	1,756,442
千葉県	6,268,585	兵庫県	5,483,450	大分県	1,142,943
東京都	13,843,403	奈良県	1,340,070	宮崎県	1,079,727
神奈川県	9,179,835	和歌山県	934,051	鹿児島県	1,613,969
山梨県	818,391	鳥取県	560,517	沖縄県	1,448,101
長野県	2,063,865	島根県	679,626		

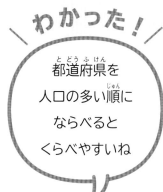

わかった！

都道府県を人口の多い順にならべるとくらべやすいね

さらに

日本地図を色分けして人口の多い県と少ない県を表す方法もあるよ。

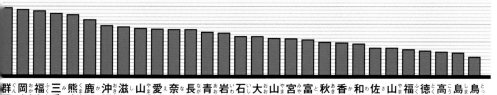

群馬県　岡山県　福島県　三重県　熊本県　鹿児島県　沖縄県　滋賀県　山口県　愛媛県　奈良県　長崎県　青森県　岩手県　石川県　大分県　山形県　宮崎県　富山県　秋田県　香川県　和歌山県　佐賀県　山梨県　福井県　徳島県　高知県　島根県　鳥取県

地図上で色分けしたものを見てみよう

地図からわかったことは？

右の日本地図では、人口をいくつかの段階に分けて多い順に赤、オレンジ、緑、青と色分けをしています。地図で表現すると棒グラフとは別のことが見えてきます。

地方ごとに人口の多い都道府県を見ると、北海道、関東地方では、東京都や神奈川県、千葉県、埼玉県の人口が多いのがわかります。中部地方では愛知県、近畿地方では大阪府と兵庫県、九州地方では福岡県に人口が集中しています。

地図上でくらべるととなりの都道府県どうしや、地方ごとに分けてくらべやすいね

都道府県別の人口 （2018年度）

出典：各都道府県ウェブサイトより（2018年10月1日利用。ただし宮城県、岐阜県、愛知県は12月11日、秋田県は2019年1月1日利用）。北海道は住民基本台帳の数値（2018年9月30日利用）。

※地図を見やすくするために一部の島を省略して表記しています。

人口

■……1000万人以上
■……500万人〜999万人
■……100万人〜499万人
■……100万人未満

26位 滋賀県
141万2881人

43位 福井県
77万3731人

13位 京都府
259万1779人

3位 大阪府
882万4566人

7位 兵庫県
548万3450人

47位 鳥取県
56万517人

20位 岡山県
189万9739人

9位 福岡県
511万1494人

46位 島根県
67万9626人

12位 広島県
281万9962人

27位 山口県
136万8495人

41位 佐賀県
81万9110人

34位 大分県
114万2943人

44位 徳島県
73万6475人

30位 長崎県
133万9438人

39位 香川県
96万1900人

23位 熊本県
175万6442人

36位 宮崎県
107万9727人

45位 高知県
70万5880人

40位 和歌山県
93万4051人

24位 鹿児島県
161万3969人

28位 愛媛県
135万1510人

29位 奈良県
134万70人

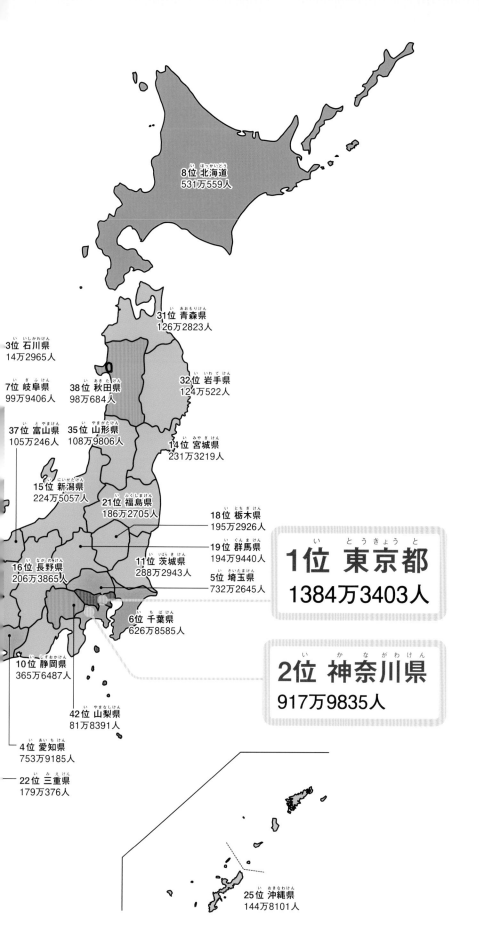

8位 北海道
531万559人

31位 青森県
126万2823人

3位 石川県
14万2965人

7位 岐阜県
99万9406人

38位 秋田県
98万684人

32位 岩手県
124万522人

37位 富山県
105万246人

35位 山形県
108万9806人

14位 宮城県
231万3219人

15位 新潟県
224万5057人

21位 福島県
186万2705人

18位 栃木県
195万2926人

19位 群馬県
194万9440人

11位 茨城県
288万2943人

5位 埼玉県
732万2645人

16位 長野県
206万3865人

6位 千葉県
626万8585人

1位 東京都
1384万3403人

2位 神奈川県
917万9835人

10位 静岡県
365万6487人

42位 山梨県
81万8391人

4位 愛知県
753万9185人

22位 三重県
179万376人

25位 沖縄県
144万8101人

わかった！

地方ごとに
人口が集中している
都道府県が

あるんだね

発展！

10年前の都道府県の人口のデータを調べて、**大きく変わったところはあるか**、分せきしてみよう。

生産量が多い地域はどこ？
果物の産地調べ

日本のおもな果物の産地と生産量の
データを見てみましょう。それぞれの
果物を育てるのに、適した県はどこで
しょうか。

グラフからわかったことは？

りんご、温州み
かん、ぶどう、日
本なしの生産量
を、都道府県別に
多い順から5位までをならべました。
棒グラフのめもりの間かくは、どれも
「1万t」と同じです。りんごは青森
県が断トツで1位でした。りんごは
ほかのくだものにくらべて生産量が多
いのがわかります。温州みかんは和歌
山県が1位、ぶどうは山梨県が1位、
日本なしは千葉県が1位でした。

りんごの生産量は、
2位から5位までを
たしても、青森県には
まったくかなわない！

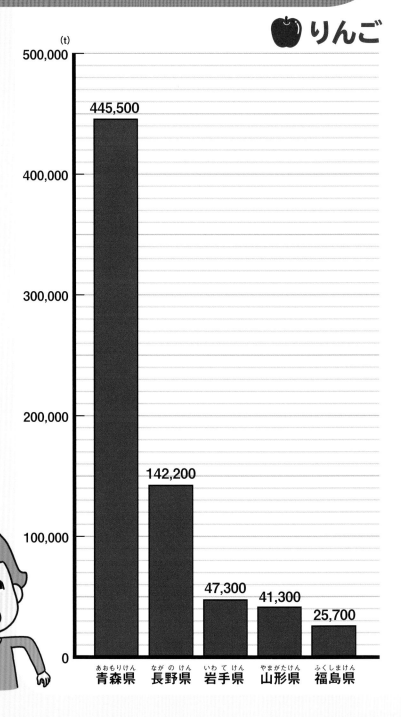

🍎 りんご

(t)

青森県	長野県	岩手県	山形県	福島県
445,500	142,200	47,300	41,300	25,700

果物の生産量
（くだもの　せいさんりょう）

出典：総務省ウェブサイト「政府統計総合窓口」の「平成30年産特産果樹生産動態等調査（農林水産省）」より作成

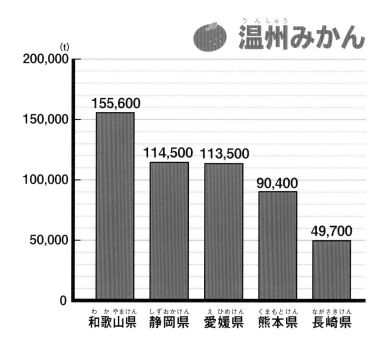

温州みかん（うんしゅう）

（t）
- 和歌山県（わかやまけん）155,600
- 静岡県（しずおかけん）114,500
- 愛媛県（えひめけん）113,500
- 熊本県（くまもとけん）90,400
- 長崎県（ながさきけん）49,700

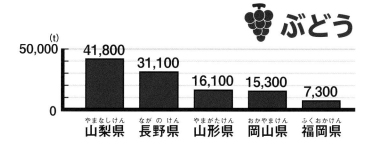

ぶどう

（t）
- 山梨県（やまなしけん）41,800
- 長野県（ながのけん）31,100
- 山形県（やまがたけん）16,100
- 岡山県（おかやまけん）15,300
- 福岡県（ふくおかけん）7,300

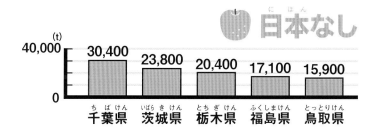

日本なし（にほん）

（t）
- 千葉県（ちばけん）30,400
- 茨城県（いばらきけん）23,800
- 栃木県（とちぎけん）20,400
- 福島県（ふくしまけん）17,100
- 鳥取県（とっとりけん）15,900

わかった！

果物によって生産量にちがいがあるんだね。りんごの生産量が多いのにびっくり！

さらに

果物の産地を生産量だけでなく、**位置を日本地図で表したものを見てみよう。**

数量といっしょに地図で位置を見てみよう

地図からわかったことは？

温州みかんは温かい地域、りんごは寒い地域に産地が多いのがわかります。日本なしは関東地方に多く、ぶどうの生産量が高い山梨県と長野県は高地です。

また、山形県、福島県、長野県は2つの果物でベスト5のランキングに入っています。地図を使って表現すると、果物の産地の共通点に気がつきます。

日本は北から南まで、いろいろな果物を作っているね

果物の生産量

出典：総務省ウェブサイト「政府統計総合窓口」の「平成30年産特産果樹生産動態等調査（農林水産省）」より作成
※地図を見やすくするために一部の島を省略して表記しています。

🍎🍊 10万t　　🍐🍇 1万t

赤字は、それぞれのマークのくだものの生産量が1位の県名

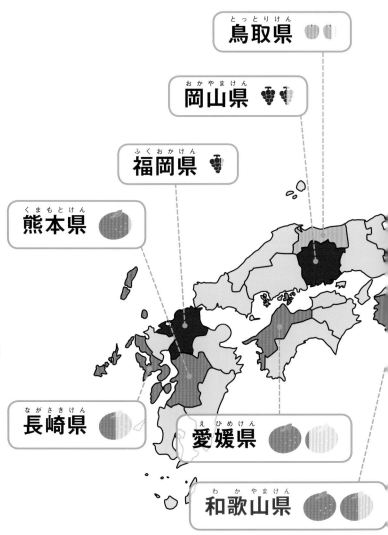

鳥取県

岡山県

福岡県

熊本県

長崎県

愛媛県

和歌山県

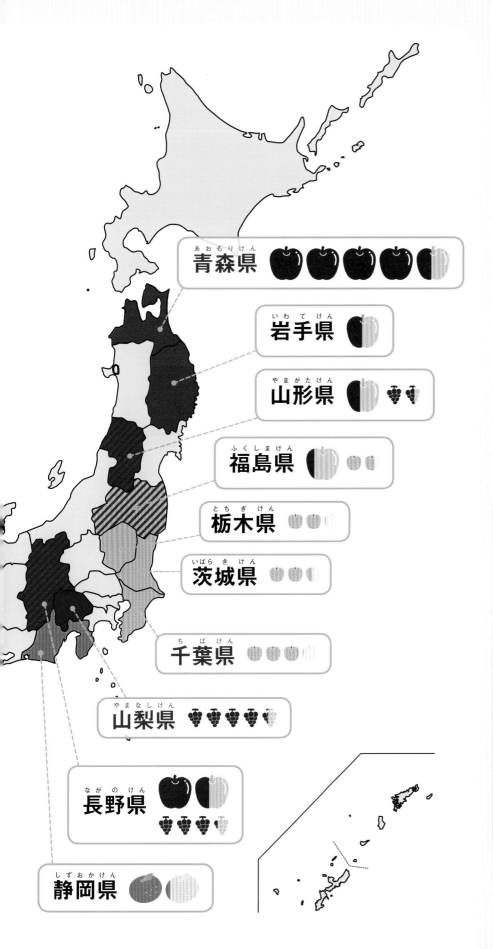

青森県 <small>あおもりけん</small>

岩手県 <small>いわてけん</small>

山形県 <small>やまがたけん</small>

福島県 <small>ふくしまけん</small>

栃木県 <small>とちぎけん</small>

茨城県 <small>いばらきけん</small>

千葉県 <small>ちばけん</small>

山梨県 <small>やまなしけん</small>

長野県 <small>ながのけん</small>

静岡県 <small>しずおかけん</small>

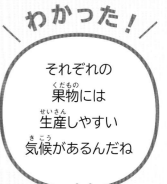

わかった！

それぞれの
果物（くだもの）には
生産（せいさん）しやすい
気候（きこう）があるんだね

発展（はってん）！

自分の地域（ちいき）で生産（せいさん）しているおもな農作物（のうさくぶつ）が、ほかにどの都道府県（とどうふけん）で作られているかを調（しら）べてみよう。

数量のマジック!?
安売りの言葉にだまされるな

どっちが得か考えてみよう

　スーパーで買い物をすると、同じ商品でもいろいろなサイズで販売されているのをよくみかけます。大きいサイズほど内容量は多くなりますが、そのぶん値段も高くなります。いったいどのサイズを買うのが得なのか悩みますよね。

　同じジュースで、カンとペットボトルの2種類が売られているとします。カンのほうは250mLで100円ですが、安売りセールをしていて5本買うと1本おまけされます。ペットボトルのほうは1000mLで330円で売られています。さて、カンとペットボトルではどちらを買ったほうが得かわかりますか？

　安売りセールで「おまけ」がもらえるのだから、カンを買うほうが得な感じがしますね。それでは、実際にくらべてみましょう。

安売りセール!!
5本で1本おまけ

おまけ

1つ 100円

330円

数量をそろえて値段をくらべよう

カンのほうは5本買うと1本おまけされるので、10本買うと2本おまけがもらえます。そのため、10本分の値段（100円×10＝1000円）で、12本のカンジュース（250mL×12＝3000mL）を買うことができます。

一方でペットボトルを買う場合、1000mLで330円なので、990円で3本のペットボトル（1000mL×3＝3000mL）を買うことができます。

カンのほうは3000mLのジュースを買うのに1000円必要なのに、ペットボトルのほうは同じ3000mLのジュースを買うのに990円はらえばよいことがわかります。安売りセールをしているのに、セールをしていないペットボトルで買うほうが、10円分安くなるのです。このように、どちらが得かわからないときは数量を同じにそろえると、値段がくらべやすくなります。

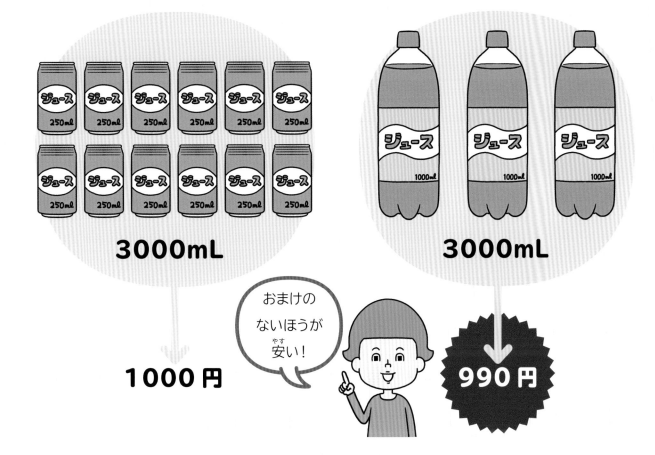

3000mL

3000mL

1000円

おまけの
ないほうが
安い！

990円

さくいん

◆インターネットを利用（りよう）したデータの探（さが）し方◆

データを探（さが）すとき、必（かなら）ず確認（かくにん）しなければいけないのが「いつ、だれが、どのように」調（しら）べた結果（けっか）であるか、ということです。正しいデータを集（あつ）めるためにも、できるだけ国や地方自治体（ちほうじちたい）が公開（こうかい）しているものを使（つか）うようにしましょう。

総務省統計局（そうむしょうとうけいきょく）、各省庁（かくしょうちょう）のデータ

日本（にっぽん）や世界（せかい）の人口（じんこう）、文化（ぶんか）、産業（さんぎょう）などの基本的（きほんてき）なデータは、総務省統計局（そうむしょうとうけいきょく）のウェブサイトで集（あつ）めることができます。また、より最新（さいしん）のデータが必要（ひつよう）な場合（ばあい）は、各（かく）省庁（しょうちょう）のウェブサイト（例（たと）えば、農業（のうぎょう）のデータは農林水産省（のうりんすいさんしょう）のウェブサイトなど）を調（しら）べてみましょう。

地方自治体（ちほうじちたい）のデータ

自分（す）の住んでいる地域（ちいき）や特定（とくてい）の地域（ちいき）のデータを探（さが）すときは、総務省統計局（そうむしょうとうけいきょく）の都（と）道府県（どうふけん）、市区町村（しくちょうそん）などのデータをまとめたページがあります。また、地方自治体（ちほうじちたい）のウェブサイトにも、いろいろなデータを集（あつ）めたページを小学生向けに公開（こうかい）しているところもあるので、チェックしておくといいでしょう。

監修 今野 紀雄 （こんの のりお）

1957年、東京都生まれ。1982年、東京大学理学部数学科卒。1987年、東京工業大学大学院理工学研究科博士課程単位取得退学。室蘭工業大学数理科学共通講座助教授、コーネル大学数理科学研究所客員研究員を経て、現在、横浜国立大学大学院工学研究院教授。2018年度日本数学会解析学賞を受賞。おもな著書は『数はふしぎ』、『マンガでわかる統計入門』、『統計学 最高の教科書』（SBクリエイティブ）、『図解雑学 統計』、『図解雑学 確率』（ナツメ社）など、監修に『ニュートン式 超図解 最強に面白い!! 統計』（ニュートンプレス）など多数。

装丁・本文デザイン ： 倉科明敏 (T.デザイン室)
表紙・本文イラスト ： オオノマサフミ
編集制作 ： 常松心平、小熊雅子 (オフィス303)
コラム ： 林太陽 (オフィス303)
協力 ： 小池翔太、石浜健吾、清水 佑 (千葉大学教育学部附属小学校)

1 データの達人　表とグラフを使いこなせ！
くらべてみよう! 数や量

発　　行　　2020年4月　第1刷

監　　修　　今野紀雄
発 行 者　　千葉 均
編　　集　　吉田 彩、崎山貴弘
発 行 所　　株式会社ポプラ社
　　　　　　〒102-8519　東京都千代田区麹町4-2-6
　　　　　　電話（編集）03-5877-8113　（営業）03-5877-8109
　　　　　　ホームページ　www.poplar.co.jp
印刷・製本　　図書印刷株式会社

落丁・乱丁本はお取り替えいたします。
小社宛にご連絡ください。
電話 0120-666-553
受付時間は、月〜金曜日9時〜17時です
（祝日・休日は除く）。

Printed in Japan　　ISBN978-4-591-16517-1 / N.D.C. 417 / 47P / 27cm　　　　　P7214001

データの達人

全4巻

表とグラフを使いこなせ!

監修：今野紀雄（横浜国立大学教授）

1 くらべてみよう！
数や量

2 予想してみよう！
数値の変化

3 組み合わせよう！
いろんなデータ

4 たしかめよう！
予想はホントかな？

- ●小学校中学年以上向き
- ●オールカラー　●A4変型判
- ●各47ページ　●N.D.C.417
- ●図書館用特別堅牢製本図書